Erlasse und Entscheidungen der deutschen Bundesstaaten

betreffend

Sicherung von Warmwasser-Heizanlagen

nebst

Ausführungsformen

Von

Karl Schmidt

Stadtbauinspektor für Heizanlagen zu Dresden

München und Berlin 1917

Kommissions-Verlag von R. Oldenbourg

By

Inhaltsverzeichnis.

————

Einleitung.

Über die Sicherung der Warmwasserkessel ist die Kgl.
Preuß. Staatsregierung mit einem Erlasse vorangegangen.
Etwa ein Jahr später, im Juli 1915, hat auch die Kgl. Sächs.
Staatsregierung einen Erlaß über die Sicherung von Warmwasserkesseln in Wirksamkeit gesetzt. Dem preußischen
Erlasse hat sich die braunschweigische Regierung angeschlossen. Die übrigen Bundesstaaten haben vorläufig zu der
Sicherung von Warmwasserkesseln noch keinerlei Stellung
genommen, doch ist anzunehmen, daß auch diese sich mit
der so wichtigen Materie beschäftigen und wohl nach Friedens-
schluß besondere Erlaße herausgeben werden. Da überdies
der Preußische Ministerialerlaß vom 8. Juli noch vorschreibt,
dass andere als die nach Ziffer 1 u. 2 zu fordernden Sicherheitsvorrichtungen zugelassen werden können, wenn ihre genügende Wirksamkeit durch Versuche den zustehenden Zentralbehörden nachgewiesen wird und ferner auch die sächsische
Staatsregierung in Punkt 27 des Merkblattes schreibt: »in
besonderen Fällen sind Abweichungen von vorstehenden
Punkten zulässig und ist besondere Genehmigung einzuholen«, so ist anzunehmen, daß auf Grund dieser Vorschriften
der beiden Regierungen eine große Zahl von Sonderausfüh-
rungen genehmigt werden wird. Diese Genehmigungserter-
lungen wiederum haben nur für das betreffende Land, für das
die Genehmigung von dem einzelnen Bundesstaat erteilt
ist, Gültigkeit. Aus diesen Ausführungen geht hervor, daß
es für den Heizungsingenieur sehr schwer ist, sich unter den
vielen Verordnungen und Genehmigungen zurechtzufinden.
Es sollen daher im Nachfolgenden sämtliche bisher dem
Unterzeichneten bekanntgewordenen Erlasse und Entschei-

dungen wiedergegeben werden. Da sich die Industrie diesem Felde jetzt erst zuzuwenden beginnt, werden voraussichtlich Zulassungen neuer Konstruktionen bald beantragt werden. Es soll daher in kürzeren Zeitabständen diese Zusammenstellung der Verordnungen ergänzt werden. Für Zustellung von Unterlagen für eine neu zu bearbeitende Auflage ist der Unterzeichnete sehr dankbar. Den Erlassen ist ein chronologisches Literaturverzeichnis beigefügt. Der Anhang bringt den Aufsatz: »Verschiedene neuere Ausführungsformen der Sicherheitswechsel-Absperrvorrichtung für Warmwasserheizungen, die den ministeriellen Erlassen über Sicherung von Warmwasserheizungen entsprechen.«

Dresden, August 1917.
Bergstr. 74.

Karl Schmidt.

1. Erlasse und Entscheidungen.

A. Erlasse der Kgl. Preußischen Regierung.

Sicherheitsrohre und Umgehungs-Ausblaserohre für Warmwasserheizungskessel. — Ministerialerlaß.

Die preußischen Minister für öffentliche Arbeiten und für Handel und Gewerbe haben unterm 10. Februar 1914 an die Regierungspräsidenten (außer Opeln und Posen) und an den Polizeipräsidenten von Berlin folgenden Erlaß (J.-Nr. III. 420 B. M. d. ö. A. und III. 11 087/13 M. f. H.) gesandt[1]:

»In den letzten Jahren sind mehrfach explosionsartige Zerstörungen von Niederdruck-Warmwasserheizkesseln mit offenen Ausdehnungsgefäßen dadurch hervorgerufen worden, daß sich in den Heizkesseln ein höherer Druck — zum Teil mit Dampfbildung verbunden — einstellte, als dem statischen Druck, für den die Anlage berechnet war, entsprach. Dieser Umstand kann schon dann eintreten, wenn das Ausdehnungsgefäß mangels genügenden Wärmeschutzes einfriert oder wenn seine Verbindung mit der Vorlaufleitung zu eng bemessen ist, so daß starke Drosselung in diesem Rohrstück eintritt. Bei gekuppelten Heizkesseln, die im Vor- oder Rücklauf oder in beiden Leitungen absperrbar eingerichtet werden, muß die Zerstörung des Heizkessels selbstverständlich dann eintreten, wenn die dem Kessel zugeführte Wärme infolge falscher Stellung der Absperrvorrichtungen nicht durch den Umlauf des Wassers abgeführt werden kann.

Die Warmwasserheizkessel sind seinerzeit von den Bestimmungen für Dampfkessel in Rücksicht auf den ihnen wegen der offenen Verbindung mit der Atmosphäre beigelegten Grad von Sicherheit ausgenommen worden. Dieselbe An-

---

[1] Veröffentlicht im Ministerialblatt der Handels- und Gewerbeverwaltung, Berlin, vom 25. Februar 1914, S. 75.

nahme hat dazu geführt, sie bei der Festlegung der Begriffs-
bestimmung für Dampfkessel im § 1 der Bundesratbekannt-
machung vom 17. Dezember 1908 (RGBl. 1909, S. 3 ff.) als
Gefäße, die »den Zweck haben«, Wasserdampf von höherer
als der atmosphärischen Spannung zur Verwendung außer-
halb des Dampfentwicklers zu erzeugen, von dem Geltungs-
bereich dieser Bestimmungen auszuschließen. Um so mehr
muß Wert darauf gelegt werden, daß die Ausführung der
Anlagen so erfolgt, daß ihre offene Verbindung mit der Atmosphäre unter allen Umständen gewährleistet wird, daß also
nicht einzelne Teile der Rohrleitungen, die dem Zweck der
offenen Verbindung mit der Atmosphäre dienen, verengt
oder sogar vollständig abgesperrt werden können. Es muß
daher, abgesehen von der Forderung hinreichenden Wärmeschutzes der Ausdehnungsgefäße, dafür gesorgt werden, daß
die Steigeleitungen bis zum Ausdehnungsgefäß überall genügend weit bemessen, und daß — sofern in die Vor- und
Rücklaufleitung oder in beide zwecks Ausschaltung der Heizkessel von gemeinsam mit ihnen betriebenen Kesseln Absperrvorrichtungen eingebaut werden —, Umgehungsleitungen
von hinreichender Weite vorgesehen werden. Werden in
diesen wiederum Absperrvorrichtungen angebracht, um die
Ausschaltung der einzelnen Kessel zu ermöglichen, so müssen
diese Absperrventile als Wechselventile in der Weise aus-
gebildet werden, daß bei ihrem Abschluß eine offene Verbindung mit der Atmosphäre hergestellt wird. Die Absperrvorrichtungen in den Hauptleitungen selbst als Wechselventile auszubilden, empfiehlt sich wegen der Wasserverluste
bei Betätigung solcher großen Ventile nicht.

Für die lichten Durchmesser der zur Herstellung der
offenen Verbindung von Kesseln mit der Atmosphäre dienen-
den Rohre sind in den allgemeinen polizeilichen Bestimmungen
des Bundesrats über die Anlegung von Dampfkesseln bestimmte Forderungen gestellt, deren Übertragung auf Heiz-
kesselanlagen deswegen nicht tunlich ist, weil diese Rohrweiten ohne Berücksichtigung der bei Dampfzumischung zum
Wasser eintretenden erhöhten Strömungsgeschwindigkeit fest-
gesetzt sind. Welche Weiten in Berücksichtigung dieses

Umstandes und der Widerstände durch Richtungsänderungen notwendig sind, mußte für Heizkessel zunächst durch besondere Versuche ermittelt werden. Diese sind inzwischen, und zwar für offene Standrohre mit 6 Richtungsänderungen in den Strebelwerken in Mannheim, für Umgehungsleitungen mit Wechselventilen in der Prüfungsanstalt für Heizungs- und Lüftungseinrichtungen der Kgl. Technischen Hochschule in Charlottenburg ausgeführt worden, letztere unter der Voraussetzung, daß durch das nach der Vorlaufleitung geschlossene, nach der Atmosphäre durch eine Rohrleitung von 15 m Länge geöffnete Wechselventil eine Drucksteigerung über den im System vorhandenen statischen Druck verhindert werden sollte.

Nach Maßgabe dieser Versuche müssen zur Vermeidung unzulässiger Drucksteigerungen in Niederdruck-Warmwasserheizanlagen nachstehende Forderungen berücksichtigt werden:

1. Jeder absperrbare oder nicht absperrbare Heizkessel ist mit dem Ausdehnungsgefäß durch mindestens eine nicht verschließbare Sicherheitsrohrleitung zu verbinden, deren lichter Durchmesser an keiner Stelle geringer als

$$d = 14{,}9\, H^{0{,}356} \quad \ldots \ldots \quad (1)$$

sein darf; die Sicherheitsleitung darf auch ganz oder teilweise als Vorlaufleitung benutzt werden.

Hierin bedeuten

d den lichten Rohrdurchmesser in mm,

H die gesamte von den Heizgasen bespülte Kesselfläche (bei Gliederkesseln auch einschließlich Rippen und Rostheizfläche) in qm.

2.[1]) Sind Heizkessel im Vor- oder Rücklauf oder in beiden Leitungen absperrbar, so ist um jede Absperrvorrichtung eine Umgehungsleitung mit eingeschaltetem Wechselventil anzulegen, dessen Ausblaserohr so enden muß, daß Personen durch austretende Dampf- und Wassergemische nicht gefährdet werden. Die Umgehungsleitungen sollen nicht länger als 3 m, die Ausblaserohre nicht länger als 15 m sein, andernfalls sind die nachstehend angegebenen Lichtweiten zu vergrößern.

---

[1]) § 2 ist ersetzt durch Erlaß vom 8. Juli 1915.

2

Die lichten Durchmesser der Umgehungs- und Ausblaseleitung sowie die entsprechenden Durchgangsquerschnitte der
Wechselventile für Vorlaufleitungen dürfen nirgends geringer als

$$d = 13,8\, H^{0.435} \quad . \quad . \quad . \quad . \quad . \quad (2)$$

sein, worin d und H dieselbe Bedeutung wie in Ziffer 1 haben.

Für Rücklaufleitungen genügen Umgehungs- und Ausblaseleitungen sowie Wechselventile von nachstehenden Abmessungen:

Bei einer Kesselheizfläche bis zu   30 qm . . . von 25 mm

»   »   »   » » 60 » . . . » 34 »

»   »   »   » » 100 » . . . » 49 »

3. Die Sicherheitsleitung und das Ausdehnungsgefäß sind
gegen Einfrieren durch genügend wirksame Maßnahmen zu
schützen.

Die Formeln 1 und 2 ergeben folgende Werte:

Sicherheitsleitungen.

Kessel über		bis 4 qm Heizfläche	$d = 25$ mm,
»	» 4	» 10 »	» $d = 34$ »
»	» 10	» 15 »	» $d = 39$ »
»	» 15	» 18 »	» $d = 49$ »
»	» 28	» 42 »	» $d = 57$ »
»	» 42	» 60 »	» $d = 64$ »

Umgehungs-Ausblaseleitungen und die entsprechenden freien Querschnitte der Wechselventile.

Kessel		bis 4 qm Heizfläche	$d = $	25 mm
»	über 4	» 8 »	»	$d = $ 34 »
»	» 8	» 11 »	»	$d = $ 39 »
»	» 11	» 18 »	»	$d = $ 49 »
»	» 18	» 26 »	»	$d = $ 57 »
»	» 26	» 34 »	»	$d = $ 64 »
»	» 34	» 42 »	»	$d = $ 70 »
»	» 42	» 50 »	»	$d = $ 76 »
»	» 50	» 60 »	»	$d = $ 82 »
»	» 60	» 70 »	»	$d = $ 88 »
»	» 70	» 80 »	»	$d = $ 94 »
»	» 80	» 95 »	»	$d = $ 100 »

Besondere Aufmerksamkeit erfordert der Bau der Wechselventile, deren freie Durchgangsquerschnitte an keiner Stelle geringer sein dürfen, als den Querschnitten der zugehörigen Rohre entspricht.

Soweit die Zentralheizungs-Baufirmen im Verbande deutscher Zentralheizungs-Industrieller zusammengeschlossen sind, haben sie von vorstehenden Erfordernissen Kenntnis erhalten, da letztere im Benehmen mit ihnen aufgestellt wurden. Ob die Durchführung der Anforderungen durch einfache Bekanntmachung oder in einzelnen Fällen durch polizeiliche Verfügung zu sichern oder allgemein durch Polizeiverordnung zu fordern ist, überlassen wir Ihrem Ermessen. Sollte eine Abnahme der Anlagen erwünscht erscheinen, so dürfen nach Lage der Gesetzgebung besondere Abnahmegebühren dafür nicht erhoben werden, da die Prüfung der Rohrleitungen in sicherheitspolizeilicher Hinsicht nicht als eine baupolizeiliche Prüfung angesehen werden kann. Die Abnahme, die im übrigen auf die Feststellung der Rohrweiten zu beschränken, also sehr einfacher Art ist, ist vielmehr gebotenenfalls bei Gelegenheit der Gebrauchsabnahme des Baues oder der Feuerstelle zu bewirken.«

Der Minister   Berlin W. 9, den 8. Juli 1915.
für Handel und Gewerbe   Leipzigerstr. 2.

I.-Nr. $\frac{\text{III. 2231 II. Ang. M. f. H.}}{\text{III. 1421 B. II. M. d. ö. A.}}$

Die Erfahrungen der Praxis und besonders angestellte Versuche, deren Ergebnisse demnächst in einem Beihefte zur Zeitschrift der »Gesundheits-Ingenieur« als »Arbeiten aus dem Heizungs- und Lüftungsfach« durch den Professor Dr. Brabbée veröffentlicht werden, haben gezeigt, daß die in unserem Erlaß vom 10. Februar 1914 (HMBl. S. 75) für die Umgehungsleitungen und Wechselventile der Rücklaufleitungen von Warmwasserheizungen zugelassenen Abmessungen nicht genügen, um die im Kessel bei geschlossenen Absperrschiebern entwickelten Wärmemengen gefahrlos abzuführen. Es treten infolge Dampfbildung Wasserschläge auf, die zu einer

2*

Zertrümmerung der Vorlaufsammelleitung führen
können. Dagegen haben Parallelversuche ergeben, daß bei
Bemessung der Umgehungsleitungen im Rücklaufe nach denselben Grundsätzen wie für den Vorlauf die genannten gefähr-
lichen Erscheinungen aufhörten. Wegen der theoretischen
Begründung für dieses verschiedene Verhalten der engeren
und weiteren Umgehungsleitungen wird auf die erwähnte Veröffentlichung verwiesen. Den geringeren Abmessungen der
Umgehungsleitungen für den Rücklauf wurde s. Z. auf An-
regung der Heizungsfirmen wesentlich deswegen zugestimmt,
um bei bestehenden Anlagen die vielfach auftretenden räum-
lichen Schwierigkeiten bei Einbau größerer Wechselventile
zu mildern. Angesichts der nach den Versuchen durch die
engeren Leitungen entstehenden Gefahren kann diese
Rücksicht jedoch nicht maßgebend bleiben; alsdann müssen
vielmehr nötigenfalls. die Absperrvorrichtungen gänzlich be-
seitigt werden.

Unter diesen Umständen und in Berücksichtigung der
bei den erwähnten Versuchen gewonnenen Erfahrungen halten
wir es für geboten, die Ziffer 2 des erwähnten Erlasses auf-
zuheben und durch folgende Bestimmungen zu ersetzen:

»2. Sind Heizkessel im Vor- oder Rücklauf oder in beiden
Leitungen absperrbar, so ist um jede Absperrvorrichtung eine
Umgehungsleitung mit eingeschaltetem Wechselventil anzulegen, dessen Ausblaserohr im Kesselhaus sichtbar so enden
muß, daß Personen durch austretende Dampf- und Wassergemische nicht gefährdet werden. Die Umgehungsleitungen
sollen nicht länger als 3 m, die Ausblaserohre nicht länger als
15 m sein, anderenfalls sind die nachstehend angegebenen
Lichtweiten zu vergrößern. Wird zwischen dem Kessel und
der Absperrung im Vorlauf eine nicht verschließbare Sicherheitsleitung, die in ihren Abmessungen der Formel 1 entspricht,
angebracht, so ist die Umgehungsleitung nur im Rücklauf erforderlich.

Die lichten Durchmesser der Umgehungs- und Ausblaseleitung sowie die entsprechenden Durchgangsquerschnitte
der Wechselventile dürfen nirgends geringer als $2 \cdot d = 13,8\,H^{0,435}$
sein, worin d und H dieselbe Bedeutung wie in Ziffer 1 haben.

Die Vorlaufsammelleitung ist möglichst hoch, tunlichst nicht unter 500 mm über Kesseloberkante zu legen.

Können bei bestehenden Anlagen die Umgehungsleitungen der örtlichen Verhältnisse halber (auch etwa nur für den Rücklauf) nicht eingebaut werden, so sind alle Absperrvorrichtungen am Kessel zu entfernen.

Werden besondere Gruppen- oder Strangabsperrungen außer den oder statt der Absperrungen am Kessel eingebaut, so sind auch diese mit Umgehungsleitungen, Wechselventilen und Ausblaserohren in den nach Formel 2 zu berechnenden Abmessungen zu versehen, es sei denn, daß so viele Stränge unabsperrbar bleiben, daß ihr Gesamtquerschnitt dem nach Formel 1 zu berechnenden freien Querschnitt der Sicherheitsrohre mindestens gleichkommt.

Andere als die Ziffer 1 und 2 zu fordernden Sicherheitsvorrichtungen können zugelassen werden, wenn ihre genügende Wirksamkeit durch Versuche vor den zuständigen Zentralbehörden nachgewiesen wird. «

Wir bemerken zum Schluß, daß Warmwasserbereitungen, deren Heizmittel (Dampf, Wasser) Temperaturen aufweist, die erheblich niedriger sind, als dem statischen Drucke im Warmwasserbereiter entspricht, nicht unter die Bestimmungen dieses und des früheren Erlasses vom 10. Februar 1914 fallen. Es bleibt vorbehalten, dafür Sondervorschriften zu erlassen.

Warmwasserheizkessel zum Betrieb von Warmwasserbereitungsanlagen fallen unter die Erlasse.

Der Minister der öffentlichen Arbeiten. Im Auftrage: Dr. Thür.	Der Minister für Handel und Gewerbe. Im Auftrage: von Meyeren.

Zulassung der Schnellstromsicherung mit Rohrweiten, die dem Erlaß vom 14. Februar 1914 entsprechen.

Der Minister
für Handel und Gewerbe.
J.-Nr. III. 5561.

Berlin W. 9, den 7. Jan. 1916.
Leipzigerstr. 2.

Aus der Ihrer Eingabe vom 22. Oktober v. J. beigefügten Zeichnung ergibt sich, daß die von Ihnen gewählten Mittel

zur Sicherung absperrbarer Niederdruck-Warmwasserheiz-
kessel die gleichen sind, wie sie in den Erlassen vom 10. Februar
und 8. Juli v. J. III. 11087 M. f. H. III. 420 B. M. d. ö. A.
und III. 2231 ^{II} Ang. M. f. H., III. 1421 B. M. d. ö. A. gefordert
werden, nämlich bei einzeln absperrbaren Heizkesseln: offene
Standrohre für den Vorlauf und Umgehungsleitungen mit
Wechselventilen · für den Rücklauf. Insoweit bedarf
die dargestellte Anordnung keiner besonderen
Genehmigung; diese könnte vielmehr nur in Frage
kommen, wenn etwa abweichend von der Ihrer Zeichnung gewählten Einzelabsperrung der Kessel Gruppen-
absperrungen vorgesehen wären, und wenn beantragt
wäre, an Stelle der für diesen Fall nach dem vorletzten Absatz
der Bestimmungen unter 2 des Erlasses vom 8. Juli v. J. aus-
zuführenden Umgehungsleitungen mit Wechselventilen die
den ungehinderten Umlauf verbürgenden besonderen offenen
Standrohre auf den einzelnen Kesseln und eine gemeinsame
nicht verschließbare, vom Ausdehnungsgefäß auszugehende
Rückleitung zu den Kesseln als ausreichend anzuerkennen.
Gegen diese Ausführung liegen keine Bedenken vor, wenn der
Rückleitungsquerschnitt gleich der Summe der Querschnitte
der offenen Standrohre im Vorlauf gewählt wird.

Die von Ihnen vorgeschlagenen geringen Abmessungen
der offenen Standrohre zuzulassen, liegt, wie ich Ihnen nach
Benehmen mit dem Herrn Minister der öffentlichen Arbeiten
mitteile, kein genügender Anlaß vor. Die in den angegebenen
Erlassen geforderten Rohrweiten sind unter Annahme von
Widerständen ermittelt worden, wie sie in Wirklichkeit vorkommen. Daß es bei einer senkrecht über den
Kesseln angeordneten geraden Ausbildung von
Sicherheitsrohren zu Motorstandsrohren angängig
sein kann, geringere Abmessungen zu wählen, wird
nicht bestritten. Solche Ausbildungen können aber nur die
Ausnahme bilden und nicht als besondere Ausführungsform
oder als eine neue Sicherheitsvorrichtung angesehen werden,
die Anlaß zu allgemeinen Ausnahmen gibt.

Im Auftrage: gez. v. Meyeren.
An den Herrn Stadtbauinspektor Schmidt in Dresden.

Schnellstromsicherung mit engeren Rohrweiten der Standrohre ist von Fall zu Fall zu genehmigen.

Abschrift.

Der Minister   Berlin W. 9, den 11. Febr. 1916.
für Handel und Gewerbe.   Leipzigerstr. 2.

J.-Nr. III 291.

Auch die erneute Eingabe vom 21. v. M. gibt mir keinen
Anlaß, Ihren Anträgen zu entsprechen. Die Unterstützung
des Rücklaufrohres durch das besondere Rückkühlrohr F tritt
nur bedingungsweise ein. Um die beabsichtigte Wirkung zu
erzielen, müssen die Heizkörper geöffnet sein. Selbst wenn
diese notwendige Voraussetzung der Wirksamkeit durch Ent-
fernung der Stellvorrichtungen in den Heizkörpern gewährleistet werden sollte, würde ich eine Verringerung der
geforderten Rohrweiten nicht allgemein genehmigen können, da sie im einzelnen Fall von der Zahl der
Rückkühlkörper, von der Wärmeleistung der Kessel und der
Druckhöhe des Systems abhängig ist.

Im Auftrage: (gez.) v. Meyeren.

An
Herrn Stadtbauinspektor Schmidt
in Dresden.

Zulassung der Sicherheits-Wechselschieber.

Der Minister   Berlin, den 22. März 1916.
für Handel und Gewerbe.

J.-Nr. $\frac{\text{III. 1241. M. f. H.}}{\text{III. 647. B. M. d. ö. A.}}$

Auf das Schreiben vom 6. d. M.

Gegen die Ausbildung der Absperrvorrichtungen in den
Hauptleitungen als Wechselschieber liegen keine grundsätz-
lichen Bedenken vor, wie schon in unserem Erlasse vom 10. Februar 1914 — III. 11087/13 M. F. H./III. 420. B. d. ö. A. am
Schlusse des zweiten Absatzes hervorgehoben wird, selbstverständlich unter der Voraussetzung, daß die Lichtweiten
des Sicherheitsweges dieser Absperrvorrichtungen den Vorschriften unserer Erlasse entsprechen. Die Verwendung des

von Ihnen in Zeichnung und Beschreibung dargelegten Sicherheitswechselschiebers System Schmidt zum Einbau in Hauptleitungen ist daher bei Beachtung dieser Voraussetzung unabhängig von der Frage statthaft, ob die besondere Bauart des Schiebers größere oder geringere Wasserverluste ergibt.

Der Minister   Der Minister
für Handel und Gewerbe.   der öffentlichen Arbeiten.

B. Erlasse der Kgl. Sächsischen Regierung.
Sicherung von Warmwasserkesseln gegen Zersprengung in Sachsen.

Das Kgl. Sächsische Ministerium des Innern hat am 3. Juli d. J. an die Kreishauptmannschaften nachstehende Verordnung — Aktenzeichen Nr. 721 III J. — gesandt:

»Die mit erheblichem Gebäudeschaden verbundene Explosion eines gußeisernen Gliederkessels, der zu der aus drei solchen Kesseln bestehenden Warmwasser-Heizungsanlage eines großen Dresdener Gasthofes gehörte, veranlaßte das Ministerium des Innern, seiner technischen Deputation die Frage vorzulegen, welche Maßnahmen zur Verhütung solcher Vorfälle zu ergreifen seien. Die genannte sachverständige Stelle hat das abschriftlich beigefügte Gutachten erstattet. Die Kreishauptmannschaft wolle dieses Gutachten den Baupolizeibehörden zufertigen und sie anweisen, die in ihm enthaltenen Grundsätze als Anhalt bei der baupolizeilichen Beurteilung der nach § 148 Absatz 1 des allgemeinen Baugesetzes genehmigungspflichtigen Heizungsanlagen gedachter Art zu benutzen und auf ihre Beachtung hinzuweisen.«

Das der Verordnung abschriftlich beigefügte Gutachten stammt von der Technischen Deputation zu Dresden und hat folgenden Wortlaut:

Nr. 13 T. D.   Dresden, am 30. März 15.
zu Nr. 233 111 J/14. 949.   M. d. I., 8. April 15.
An das Kgl. Ministerium des Innern.

Die unterzeichnete technische Deputation beehrt sich, das von dem Kgl. Ministerium des Innern mit Beschluß vom

28. Februar und 30. Juni 1914 geforderte Gutachten bei Rückgabe der Beilagen im folgenden zu erstatten:

In Berücksichtigung der zum Gutachten vom 31. Juli 1912 eingegangenen gutachtlichen Äußerungen des Zwickauer, Leipziger und Chemnitzer Bezirksvereins Deutscher Ingenieure, wozu noch im Herbst 1914 Vorschläge des Dresdener Bezirksvereins getreten sind, hat die technische Deputation ihr früheres Gutachten einer wiederholten Umarbeitung unterzogen und ist nunmehr zu folgender Fassung gelangt:

Die in den letzten Jahren mehrfach vorgekommenen explosionsartigen Zerstörungen von gußeisernen Warmwasser-Heizkesseln sind im wesentlichen auf Wärmestauungen, verbunden mit Drucksteigerung oder Dampfentwicklung, zurückzuführen.

Ein solcher Zustand kann eintreten:

a) wenn die Verbindung der Kessel oder der Vorlaufleitung mit dem Ausdehnungsgefäße zu eng bemessen oder durch Ablagerungen verengt, oder wenn sie durch Einfrieren abgesperrt ist;

b) wenn bei Kesseln, die absperrbar sind, die Absperrorgane versehentlich geschlossen bleiben;

c) wenn bei Anlagen, die zur Beschleunigung des Wasserumlaufs mit Pumpen ausgerüstet werden, die Pumpe unerwartet versagt.

Zur größeren Sicherheit gegen derartige Vorkommnisse, die, wie sich gezeigt hat, durch Sicherheitsventile und Lärmvorrichtungen allein nicht genügend sicher verhindert werden können, werden folgende Maßnahmen vorgeschlagen:

Die Anlage ist so auszuführen, daß der Druck in den Kesseln bei Eintritt von Störungen den durch die Höhenlage des Ausdehnungsgefäßes bestimmten Betriebsdruck nicht wesentlich überschreiten kann.

Zu diesem Zwecke sind bei nicht absperrbaren, mit dem Ausdehnungsgefäße stets in Verbindung stehenden Kesseln zur sicheren Abführung des etwa entstehenden Dampfes für die Verbindung des Kessels oder des Vorlaufs mit dem Ausdehnungsgefäße folgende Mindestquerschnitte im Lichten

einzuhalten, wobei der kleinste lichte Rohrdurchmesser nicht
unter 25 mm betragen soll:

Für Kessel

bis mit 4 qm Heizfläche			130 qmm auf 1 qm Kesselheizfläche,			
über 4 » » 8 »		»	125 »	» 1 »		»
» 8 » » 15 »		»	110 »	» 1 »		»
» 15 » » 30 »		»	95 »	» 1 »		»
» 30 » » 50 »		»	85 »	« 1 »		»
» 50 » nicht unter			70 »	» 1 »		»

Bei großer wagerechter Ausdehnung des nach dem Ausdehnungsgefäße führenden Verbindungsrohres ist dieses entsprechend weiter zu bemessen.

Das nach dem Ausdehnungsgefäß führende Verbindungs-
rohr ist von Zeit zu Zeit auf freien Durchgang zu prüfen und
muß frostsicher verlegt werden.

Bei absperrbaren Kesseln ist entweder vom höchsten
Punkte jedes Kessels ein besonderes, unabsperrbares Sicherheitsrohr auf kürzestem Wege bis über den Wasserspiegel
des Ausdehnungsgefäßes zu führen. Die lichte Weite dieses
Rohres, dessen Inhalt dem Ausdehnungsgefäße zuzuführen
ist, muß, wie oben angeben, bemessen werden. Oder das
Absperrorgan des Vorlaufs ist mit einer Umgehungsleitung
zu versehen, in die ein Wechselorgan einzubauen ist, bei
dessen Umstellen die Verbindung des Kesselinnern mit dem
Vorlauf in eine solche mit der Atmosphäre übergeht und das
nur diese beiden Endstellungen zuläßt. Die Umgehungsleitung und das Wechselorgan haben die gleiche lichte Weite
zu erhalten, wie das oben angegebene Sicherheitsrohr. Das
Wechselorgan ist weiter so einzurichten, daß beim Umstellen
möglichst wenig Wasser entweicht. Auch soll das Abführungs-
rohr des Wechselorgans so ausmünden, daß Personen durch
austretendes heißes Wasser nicht gefährdet werden können.

Bei Anlagen mit Pumpenbetrieb sind dieselben Sicher-
heitseinrichtungen anzuwenden wie bei Anlagen mit absperrbaren Kesseln. Für besondere Fälle bleiben Abweichungen
vorbehalten.

Auf die sonst angewendeten üblichen Sicherheits- und
Hilfseinrichtungen, wie Thermometer, Manometer, Wasser-

standszeiger, Entlüfter usw. braucht hier nicht eingegangen zu werden. Nur ist zu fordern, daß bei Mehrkesselanlagen jeder einzelne Kessel mit einem Thermometer versehen wird.

Das mit Beschluß vom 30. Juni vorigen Jahres — 949 III J — der Technischen Deputation zugestellte Gesuch der Firma Staeding & Meysel in Niedersedlitz bedarf keines weiteren Eingehens mehr. Der von der Firma hergestellte Wechselhahn entspricht hinsichtlich seiner Bauart den Anforderungen, die an die bei absperrbaren Kesseln anzuwendenden Wechselorgane zu stellen sind.

Technische Deputation.
(gez.) Dr. Roscher.

Merkblatt für die Ausführung von Warmwasserheizungen und Warmwasserbereitungen auf Grund der Verordnung des Ministeriums des Innern vom 3. Juli 1915 Nr. 721 III J und des Gutachtens der Technischen Deputation vom 30. März 1915.

1. Ebenso wie die Warmwasserheizkessel sind Warmwasserbereitungskessel zu behandeln.

2. Jeder Kessel, sei er absperrbar oder nicht, ist mit einem zuverlässigen Thermometer mit Schutzhülse zu versehen. Das Thermometer muß sich während des Betriebes prüfen und auswechseln lassen.

3. Bei nicht absperrbaren Kesseln sind die Kessel oder der Vorlauf der Heizung mit dem Ausdehnungsgefäß durch ein unabsperrbares Ausdehnungsrohr zu verbinden.

4. Der lichte Querschnitt dieses Ausdehnungsrohres muß wenigstens betragen für Kessel oder Kesselanlagen

bis mit 4 qm Heizfläche 130 qmm auf 1 qm Kesselheizfläche,
über 4 » » 8 » » 125 » » 1 » »
» 8 » » 15 » » 110 » » 1 » »
» 15 » » 30 » » 95 » » 1 » »
» 30 » » 50 » » 85 » » 1 » »
» 50 qm Heizfläche nicht unter 70 » » 1 » »

5. Der lichte Querschnitt kann auf mehrere Rohre verteilt werden, muß dann aber 10 vom Hundert größer gemacht werden.

2*

6. Der lichte Durchmesser eines Rohres darf nicht weniger als 25 mm betragen.

7. Als Kesselheizfläche ist die einerseits vom Feuer und andererseits vom Wasser berührte Heizfläche zu verstehen.

8. Wird eine Kesselanlage vergrößert, so ist das Ausdehnungsrohr ebenfalls zu vergrößern.

9. Ausdehnungsrohre sind auf kürzestem Wege mit ununterbrochener Steigung nach dem Ausdehnungsgefäß zu führen.

10. Wenn die Länge eines Ausdehnungsrohres vom Kessel bis zum Ausdehnungsgefäß mehr beträgt als 50 m, sind die unter 4 geforderten lichten Querschnitte um 25 vom Hundert, bei Längen über 100 m um 50 vom Hundert, bei Längen über 150 m um 75 vom Hundert, bei Längen über 200 m um 100 vom Hundert usw. zu vergrößern.

11. Ausdehnungsrohre sind frostsicher, möglichst dicht am Schornstein und im Innern des Gebäudes zu verlegen.

12. Ausdehnungsrohre sind von Zeit zu Zeit auf freien Durchgang zu prüfen.

13. Ausdehnungsgefäße sind frostsicher, möglichst dicht am Schornstein, aufzustellen, und wenn nötig, frostsicher zu ummanteln. Eine einfache Bretterverschalung gilt nicht als frostsicher.

14. Ausdehnungsgefäße müssen mit der Atmosphäre durch einen Überlauf, dessen Mindestweite nach Punkt 4 zu bemessen ist, in unabsperrbarer Verbindung stehen.

15. Bei absperrbaren Kesseln muß jeder Kessel ein besonderes unabsperrbares Sicherheitsrohr erhalten, welches vom höchsten Punkt des Kessels abgeht und über dem höchsten Wasserspiegel des Ausdehnungsgefäßes mündet. Dieses Rohr kann gleichzeitig, indem es mit dem Wasserraum des Ausdehnungsgefäßes verbunden wird, als Ausdehnungsrohr dienen.

16. Für die Bemessung des lichten Querschnittes dieser Rohre gelten die Punkte 4, 5, 6, 7, 8, 10.

17. Für die Verlegung und Prüfung dieser Rohre und für die Aufstellung des Ausdehnungsgefäßes gelten die Punkte 9, 11, 12 und 13.

18. An Stelle eines Ausdehnungsrohres kann das Absperrorgan des Kesselvorlaufs mit einer Umgehungsleitung versehen werden, in die ein Wechselorgan einzubauen ist, bei dessen Umstellen die Verbindung des Kesselinnern mit dem Vorlauf der Heizung in eine solche mit der Atmosphäre übergeht.

Das Ausdehnungsrohr ist in diesem Falle vom gemeinsamen Vorlauf nach dem Ausdehnungsgefäß zu führen und nach Punkt 16 und 17 zu bemessen und zu verlegen. Absperrorgane und Wechselorgan können auch vereinigt sein, so daß die Umgehungsleitung des ersteren überflüssig wird.

19. Das Wechselorgan darf nur die beiden Endstellungen zulassen.

20. Die Verbindung mit der Atmosphäre muß wenigstens den lichten Querschnitt nach Punkt 4 haben.

21. Das Wechselorgan ist so auszubilden, daß Rechtsdrehung die Verbindung des Kesselinnern mit der Heizung, Linksdrehung die Verbindung mit der Atmosphäre ergibt.

22. Das Wechselorgan ist so einzurichten, daß beim Umstellen möglichst wenig Wasser ausläuft.

23. An das Wechselorgan ist ein nach unten führendes Abflußrohr anzuschließen (Lichtweite desselben nach Punkt 4 oder 10). Dasselbe muß so ausmünden, daß Personen durch austretendes heißes Wasser oder Dampf nicht getroffen werden können. Auch muß der Austritt sichtbar erfolgen.

24. Bei Anlagen mit Pumpen sind die gleichen Ausdehnungsvorrichtungen anzubringen.

25. Bei Anlagen mit Pumpenbetrieb darf das Ausdehnungsrohr durch etwaige Absperrorgane der Pumpen oder durch diese selbst nicht mit abgesperrt werden können.

26. Belastungsventile bei sog. Mitteldruckwarmwasserheizungen gelten nicht als Absperrorgane, sofern deren Konstruktion ein Festklemmen ausschließt.

27. Wenn in besonderen Fällen Abweichungen von vorstehenden Punkten beabsichtigt sein sollten, ist Genehmigung einzuholen.

Die nach den preußischen Vorschriften bemessenen Hahndurchmesser werden auch für das Königreich Sachsen zugelassen.

Königlich Sächsisches
Ministerium des Innern.
Nr. 125 a III J.

Dresden, den 24. März 1916.

Unter Bezugnahme auf die Verordnung vom 3. Juli v. J. — Nr. 721/III J — wird den Kreishauptmannschaften Teilabschrift eines von der Technischen Deputation erstatteten Gutachtens vom 7. dieses Monats, dem das Ministerium des Innern beipflichtet, zur Kenntnisnahme zugefertigt.

Für die Baupolizeibehörden bestimmte Abzüge liegen bei.

Ministerium des Innern.

Vitzthum.

An die Kreishauptmannschaften.
fr.

Hierzu: 1 Teilabschrift.

Teilabschrift.

An das Kgl. Ministerium des Innern usw.

Die unterzeichnete Technische Deputation beehrt sich, das von dem Königlichen Ministerium des Innern mit Beschluß vom 21. Januar 1916 geforderte Gutachten bei Rückgabe der Beilagen in folgendem zu erstatten.

Die Firma Staeding & Meysel Nachf. in Niedersedlitz, deren Ausführung eines Wechselhahnes bereits als den Vorschriften der Beilage zur Verordnung vom 3. Juli 1915 genügend bezeichnet worden ist, hat inzwischen die Lichtweiten dieser Hähne gemäß den am 10. Februar 1914 herausgekommenen preußischen Sicherheits-Vorschriften bemessen und abgestuft. Dabei unterschreiten in 3 von 8 Fällen der Abstufung, und zwar bei den 3 unteren Heizflächen-Größen, die erforderlichen Lichtweiten die nach den sächsischen Vorschriften sich ergebenden Durchmesser um 0,7, 1,7 und 0,3 mm,

was auf die Querschnitte umgerechnet 5,7, 10,1 und 1,5 vom
Hundert ausmacht. (Siehe Beilage S. 16). Diese Abweichungen
können als unbedenklich angesehen werden um so mehr, als
die Bauweise der Hähne an sich schon auf geringe Durchfluß-
Widerstände Bedacht nimmt. Auch tritt der größte Unter-
schied von 1,7 mm nur als oberer Grenzwert bei der zweiten
Heizflächengruppe von 4 bis 8 qm auf. Von 11 qm an überschreiten die nach den preußischen Vorschriften bemessenen
Hahndurchmesser der Gesuchstellerin die nach den sächsischen
Bestimmungen sich ergebenden Werte. Dem Antrage der
Firma, die Lichtweiten der Hähne als den Vorschriften vom
3. Juli 1915 genügend anzuerkennen, kann daher nach Ansicht
der Technischen Deputation stattgegeben werden.

usw.

Technische Deputation.
(gez.) Dr. Roscher.

Durchmesser der Umgehungsleitungen.

Heizfläche qm	preußische Vorschrift mm	sächsische Vorschrift mm
4	25	25,7
8	34	35,7
11	39	39,3
18	49	46,6
26	57	56,0
34	64	60,6
42	70	67,4
50	76	73,6

Zulassung des Sicherheitswechselschiebers.

Königlich Sächsisches   Dresden, den 18. Juli 1916.
Ministerium des Innern.
Nr. 698 III J.

Die Firma Staeding & Meysel Nachf. in Niedersedlitz
stellt für Warmwasserheizungen neben dem in der Beilage
zur Verordnung vom 3. Juli 1915 — 721/III J — erwähnten

Wechsel-Hahn auch einen Sicherheitswechselschieber her.
Dieser Wechselschieber stellt eine Vereinigung von Haupt-
absperrorgan und Umgehungsleitung dar, die durch einen
gemeinsamen Schieber das Kesselinnere entweder mit der
Hauptleitung oder mit der Atmosphäre zu verbinden ermög-
licht, und zwar ohne größeren Wasserverlust als bei der Anwendung einer besonderen Umgehungsvorrichtung mit dem
genannten Dreiweghahn. Die lichten Querschnitte des Sicherheitsweges beim neuen Wechselschieber sind die gleichen wie
beim Dreiweghahn.

Nach dem Gutachten der Technischen Deputation genügt auch dieser Wechselschieber den Sicherheits-
vorschriften für Warmwasser-Heizkessel.

Die Baupolizeibehörden sind hiervon in Kenntnis zu setzen.

gez. Vitzthum.

Zulassung der Schnellstromsicherung.

Königlich Sächsisches   Dresden, den 13. Dez. 1916.
Ministerium des Innern.
Nr. 1185 III J.

Der Stadt-Bauinspektor Karl Schmidt in Dresden hat
bei dem unterzeichneten Ministerium beantragt, bei Warmwasser-Heizungsanlagen eine von ihm als »Schnellstromsicherung« bezeichnete Einrichtung nicht nur zuzulassen, sondern die Beilage der Verordnung vom 3. Juli 1910
— 721/III J — dahingehend zu ergänzen, daß diese »Schnellstromsicherung« für Pumpenheizungen vorgeschrieben werde.

Das Ministerium des Innern hat zu diesen Anträgen seine
Technische Deputation gehört. Von dieser ist das abschriftlich beigefügte Gutachten erstattet worden. Das Ministerium
des Innern pflichtet den Ausführungen der Technischen Deputation bei. Es gehen ihm daher keine Bedenken dagegen bei, wenn die Baupolizeibehörden die Schmidtsche
Einrichtung bei Anlagen mit absperrbaren Kesseln
bis auf weiteres zulassen. Es ist ihm aber von Wert,
von den mit diesen Einrichtungen gemachten Erfahrungen

Kenntnis zu erhalten. Die Baupolizeibehörden sind daher anzuweisen, gegebenenfalls Bericht zu erstatten.

Dem weitergehenden Antrage Schmidts, die bezeichnete Einrichtung für Anlagen mit Pumpenbetrieb vorzuschreiben, konnte dagegen keine Folge gegeben werden.

Für die Baupolizeibehörden bestimmte Abzüge dieser Verordnung liegen bei.

Ministerium des Innern.

(gez.) Vitzthum.

An die Kreishauptmannschaften.

Hierzu: 1 Gutachten in Abschrift.

Nr. 7 a T. D.
Zu Nr. 126 III J.   Dresden, am 16. November 1916.

An das Königliche Ministerium des Innern.

Die unterzeichnete Technische Deputation beehrt sich, das von dem Kgl. Ministerium des Innern mit Beschluß vom 21. Januar 1916 geforderte Gutachten bei Rückgabe der Beilagen in folgendem zu erstatten.

Die »Schnellstromsicherung« für Warmwasserheizungen des Gesuchstellers hat den Zweck, beim Eintritt einer Umlaufhemmung insbesondere auch beim Beheizen eines versehentlich abgesperrt gebliebenen Kessels und bei dann infolge Wärmestaues eintretender Dampfbildung (Überkochen) die Anlage vorübergehend selbsttätig in eine »Schnellstromanlage« zu verwandeln. Das geschieht in der Weise, daß, wie im Gutachten vom 30. März 1915 — Nr. 13. T. D. — für absperrbare Sicherheitsleitung den Vorlauf übernimmt und das in ihr hochsteigende Dampf-Wassergemisch über ·den Wasserspiegel im Ausdehnungsgefäß leitet, wo der Dampf abgeschieden wird. Andererseits wird von hier aus durch eine besondere, vom Boden des Ausdehnungsgefäßes nach dem Vorlaufverteiler gehende »Nachfüll-Leitung« dem Kessel durch die Heizkörper kühleres Wasser zugeführt, was die Einschaltung einer Umgehungsleitung auch in dem Rücklauf bedingt. Hierdurch sollen der Wärmestau im Kessel und damit das Überkochen verhütet werden. Solche Einrichtungen sind seit kurzen an einigen städtischen Anlagen (neues Rathaus, Materniho-spital-Neubau) in Betrieb. Mitglieder der Technischen Deputation hatten Gelegenheit, an Ort und Stelle die vorbeschriebene Wirkungsweise beobachten zu können.

Nach Ansicht der Technischen Deputation liegt kein Bedenken vor, die an und für sich zweckmäßige, aber die Kosten der Anlage etwas erhöhende Einrichtung zuzulassen. Längere Betriebserfahrungen liegen allerdings nicht vor. Es möchte daher der Widerruf vorbehalten werden.

Die Technische Deputation kann indessen ein dringendes Bedürfnis nicht anerkennen, jetzt schon die Verordnung vom 3. Juli 1915 im Sinne des Gesuches dahingehend abzuändern oder zu erweitern, daß die »Schnellstromsicherung« des Gesuchstellers bei Warmwasserheizungen mit Umwälzpumpen vorgeschrieben werde. Ausnahmslos werden jetzt bei Warmwasser-Heizungsanlagen zum Umwälzen Kreiselpumpen verwendet, die auch bei Stillstand der Leitung, in der sie eingebaut sind, nicht völlig absperren. Dann genügen aber die in der Beilage zur Verordnung vom 3. Juli 1915 vorgeschriebenen Sicherheitsmaßnahmen. Erfahrungsgemäß wird bei Dampfbildung im Kessel infolge von Wärmestau und dabei eintretenden Wasserschlägen in der Rohranlage der normale Betriebsdruck im Kessel selbst nicht nennenswert überschritten, und in der Rohrleitung tritt auch keine plötzliche Drucksteigerung über das Doppelte des Überdrucks im Ruhestande auf. Brüche, Undichtheiten u. dgl. sind aber nicht zu befürchten, da die Leitungen, Ventile, Hähne und ihre Verbindungen allgemein auf wenigstens 5 Atm. Überdruck geprüft werden, bei sehr hohen Gebäuden in Verbindung mit langen wagerechten Rohrsträngen auch auf entsprechend höheren Druck. Unfälle, die auf durch Wasserschläge entstandene Zerstörungen der Rohrleitungen von Warmwasserheizungen zurückzuführen wären, sind bisher nicht bekannt geworden.

Technische Deputation:

(gez.) Dr Roscher

C. Die Herzoglich - Braunschweig - Lüneburgsche Staatsregierung hat sich ohne weiteres den preußischen Vorschriften
angeschlossen, wie aus dem nachfolgenden Erlasse hervorgeht.

Zulassung der Sicherheitswechselschieber.

Herzoglich Braunschweig-   Braunschweig, d. 8. Nov. 16.
Lüneburgsches Staatsministerium.
      Nr. C II 787—. 1.

Wir haben gegen die Verwendung des von Ihnen kon-
struierten Sicherheitswechselschiebers für Warmwasserkessel
»System Bauinspektor Schmidt« im Herzogtum Braunschweig unter der Voraussetzung keine Bedenken zu erheben,
daß der lichte d. h. der senkrecht zur Rohrachse zu messende
Durchmesser des Rohransatzes und nicht der in der Zeichnung
des Schiebers mit S bezeichnete größte Durchmesser der Ellipse,
die beim schiefen Schnitt des Rohrquerschnittes mit der Flansch-
ebene gebildet wird, nach den Weiten der auf der Zeichnung
vermerkten Tabelle bemessen wird.

D. Alle übrigen Regierungen der deutschen Bundesstaaten haben noch keine besonderen behördlichen Vorschriften über die Sicherung von Warmwasserkesseln erlassen.

2. Literatur über Sicherung von Warmwasserkesseln.

1. Bericht über einen Vortrag des Stadtbauinspektors K.
   Schmidt über Sicherheitsvorrichtungen bei Warmwasserheizungen; Gesundh.-Ing. 1913, S. 801.
2. Sicherheitsvorrichtung für Warmwasserheizungen, Vortrag
   von Stadtbauinspektor K. Schmidt, gehalten in der
   »Freien Vereinigung Berliner Heizungsingenieure«, Gesundh.
   Ing. 1914, S. 40.
3. Ministerialerlaß über Sicherheitsrohre und Umgehungs-
   Ausblaserohre für Warmwasserheizungskessel, Gesundh.-
   Ing. 1914, S. 196.
4. Sicherheitsmaßnahmen zur Verhütung der Zerstörung von
   Niederdruck-Warmwasserheizkesseln, von Geh. Oberregie-
   rungsrat Jaeger, Gesundh.-Ing. 1914, S. 411.

5. Sicherheitsvorrichtung von Warmwasserkesseln gegen Zersprengung, von Geh. Oberbaurat Uber, Gesundh.-Ing.
1915, S. 259.

6. Ministerialerlaß und Sicherheitsvorrichtungen für Warmwasserheizkessel, Gesundh.-Ing. 1915, S. 364.

7. 22. Mitteilung der Prüfungsanstalt für Heiz- und Lüftungsanlagen der Kgl. Technischen Hochschule in Berlin, von
Professor Dr. Brabbée, Gesundh.-Ing. 1915, S. 429.

8. Ministerialerlaß über Sicherung von Warmwasserkesseln
gegen Zersprengung in Sachsen, Gesundh.-Ing. 1915, S. 555.

9. Über die Sicherung von Warmwasserheizkesseln, von
Geh. Oberbaurat Uber, Gesundh.-Ing. 1916, S. 294.

10. Beihefte zum Gesundh.-Ing., Reihe I (Arbeiten aus dem
Heizungs- u. Lüftungsfach, von Prof. Dr. techn. Brabbée).
Beiheft Nr. 6 u. 8. Verlag R. Oldenbourg München-Berlin.

11. Bemerkungen und Erläuterungen zum Ministerialerlaß
vom Februar 1914. Verband deutscher Zentralheizungs-
Industrieller. Verlag von R. Oldenbourg in München-Berlin.

12. Schnellstromsicherung für Warmwasserheizungen. Von
K. Schmidt, Stadtbauinspektor, Dresden. Haustechnische
Rundschau Nr. 21 vom 1. Mai 1917.

13. Fragen der Betriebssicherheit zentraler Heizungsanlagen.
Vortrag, gehalten in der Kriegstagung der Vereinigung
der behördlichen Ingenieure des Maschinen- u. Heizungs-
wesens in Wiesbaden am 3. Juni 1917 von K. Schmidt,
Stadtbauinspektor, Dresden. Ges.-Ing. 1917.

3. Ausführungsformen.

**Verschiedene neuere Ausführungsformen der Sicherheits-
wechsel - Absperrvorrichtung für Warmwasserheizungen, die
den ministeriellen Erlassen über Sicherung von Warmwasserheizungen entsprechen.**

Das Wesen der neuen Sicherheitswechselschieber besteht darin, daß der altgewohnte Schieber, wie er seit Jahr
und Tag in die Vor- und Rücklaufleitungen von Warmwasserkesseln eingebaut wird, auch fernerhin verwandt werden
kann und jegliche Umgehungsleitung, sowie jede besondere

Wechselabsperrvorrichtung erübrigt wird. Bisher waren überhaupt nur Wechselventile im Handel, und diese mußten aus unten näher behandelten Gründen in eine engere Umgehungsleitung eingebaut werden. Daß diese Behauptung richtig ist, geht schon daraus hervor, daß der Ministerialerlaß der preußischen Regierung vom 10. Februar 1914 vorschreibt:

»Die Hauptabsperrvorrichtung in den Hauptleitungen selbst als Wechselventile auszubilden, empfiehlt sich wegen der Wasserverluste bei Betätigung solch großer Ventile nicht.«

Wie sehr aber der Hinweis in dem preußischen Erlaß, Hauptabsperrvorrichtungen selbst als Wechselventile nicht auszubilden, berechtigt ist, möge kurz durch das folgende rechnerische Beispiel erläutert werden:

Der Anschluß der Vor- und Rücklaufleitung habe einen Durchmesser von 156 mm. Eingebaut seien 2 Wechselventile Fig. 1, 2, 3 oder 4, wie sie zu den Versuchen im Beiheft 6 des Gesundheits-Ingenieurs gedient haben. Die statische Höhe der Anlage betrage etwa 31 m. Die Umschaltdauer solch großer Ventile beträgt auf Grund von vorgenommenen Versuchen mindestens 25 Sekunden. Dann berechnet sich die Wassermenge (Q), die in der Umstellzeit (Z) von 25 Sekunden aus dem Wechselventil herausfließt, nach der Formel

$$Q = \frac{F}{2} \cdot V \cdot Z.$$

In der Formel bedeutet:

Q die ausströmende Wassermenge in cbm,
F den Querschnitt des Wechselventiles in qm,
V die sekundliche Geschwindigkeit in m; und
Z die Zeit der Umstellung in Sekunden.

Hierin berechnet sich V nach der bekannten Formel

$$h = \frac{v^2}{2\,g}\,(1 + \Sigma\,\zeta)$$

wobei für ein Wechselventil von solch großem Durchmesser $\zeta = 6$ angenommen werden soll, zu

$$V = \sqrt{\frac{2 \cdot 9{,}81 \cdot 31}{Z}} = 9{,}34 \text{ m}$$

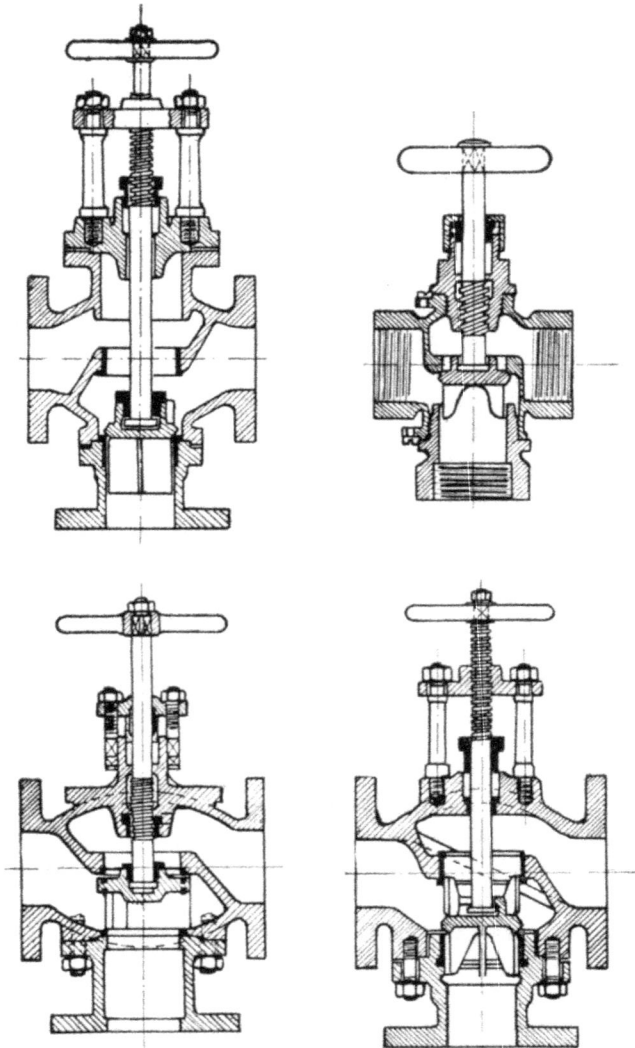

Fig. 1, 2, 3 und 4. Wechselventile, die den Versuchen der Prüfungsanstalt
für Heizungs- und Lüftungsanlagen der Kgl. Techn. Hochschule zu Berlin
zugrunde gelegen haben.

Dann ist: $Q = \dfrac{0,019}{2} \cdot 9,34 \cdot 25 = 2,22$ cbm.

Es tritt also beim Umstellen eines als Hauptabsperrvorrichtung eingebauten Wechselventiles ein Wasserverlust
von 2,22 cbm ein. Nun muß man aber bedenken, daß in
der Rücklaufumgehung ein Wechselventil von derselben Ab-
messung eingebaut ist, so daß auch bei der Umstellung dieses
Wechselventils ein Wasserverlust von 2,22 cbm eintritt. Dieser
Wasserverlust von zusammen 4,44 cbm tritt aber nur ein,
wenn beide Wechselschieber gleichzeitig von zwei Mann
umgestellt werden. Ist nur ein Mann zugegen, was sehr oft
vorkommen wird, so wird, während die zweite Vorrichtung
abgeschlossen wird, mindestens 25 Sekunden lang auch durch
die erste Wechselvorrichtung Wasser im vollen Strome ausfließen. Da hierin die ganze Zeit mit dem vollen Querschnitt
gerechnet werden muß, so kann der Wasserverlust durch den
umgestellten Wechselschieber auf etwa 4,0 cbm geschätzt
werden. Der Gesamtverlust beträgt sodann 4,44 + 4,0
= 8,5 cbm. Um aber innerhalb 50 Sekunden etwa 8,5 cbm
Wasser aus dem Kesselhause abzuführen, reichen die üblichen Abflußorgane, Schleusen usw. kaum aus, so daß die
Befürchtung besteht, daß bei jedem Umstellen eine Über-
schwemmung des Kesselhauses eintritt.

Auch bei dem statischen Druck von etwa 20 m, unter
welchem die meisten Anlagen stehen, beträgt die Ausfluß-
geschwindigkeit immer noch 7,5 m. Auch hierfür berechnet
sich für die Umstellung eines Ventiles ein Wasserverlust von
1,78 cbm, bei gleichzeitigem Schluß beider Schieber demnach
etwa 3,5 cbm und bei Schließung beider Vorrichtungen nach-
einander durch einen Mann schätzungsweise etwa 7,0 cbm,
also immer noch eine sehr bedeutende Menge. Der Hinweis
in dem preußischen Erlasse, die Hauptabsperrvorrichtungen
nicht als Wechselventile auszubilden, ist also sehr berechtigt. Die daher vorgeschriebenen Umgehungsleitungen mit
eingebauten Wechselventilen aber bieten infolge der vielen
Krümmer und der Wechselvorrichtung selbst große Leitungs-
widerstände. Ferner ist der Einbau unübersichtlich, schwer
auszuführen und sehr kostspielig.

Die Sicherheitsvorrichtung muß natürlich auch in alte Anlagen nachträglich eingebaut werden, und es ist in vielen Fällen gar nicht möglich, die weit ausladende Umgehungsleitung in den engen Kesselräumen unterzubringen. Viele Firmen und Behörden beschlossen daher, in Anbetracht der Kostspieligkeit, Kompliziertheit und Unübersichtlichkeit der Umgehungsleitungen, völlig auf die Absperrbarkeit der einzelnen Kessel zu verzichten. Sie gaben also einen ganz bedeutenden Betriebsvorteil der Mehrkesselanlagen auf.

Aber auch ein Sicherheitsvorteil wird aufgegeben. Im vergangenen Winter riß ein Siederohr eines Flammrohrsiederohrkessels einer Warmwasserheizung während des Betriebes auf. Das heiße Wasser strömte sofort in solchen Mengen in den Kesselraum, daß ein Abschalten des Siederohres durch Eintreiben von Endstöpseln auch schon wegen der Hitze im Betriebe nicht möglich war. Wären keine Hauptabsperrschieber am Kessel angebracht gewesen, so wäre das heiße Wasser des ganzen Systems in den Kesselraum gelaufen.

Um nun der durch die Erlasse vorgeschriebenen Sicherheitsvorrichtung in der Praxis Eingang zu verschaffen, ist es notwendig, einfachere Ausführungsformen zu ersinnen. Statt

1. der Umgehungsleitungen,
2. der in diese eingebauten Wechselschieber und
3. der besonderen Hauptabsperrvorrichtungen

muß eine einheitliche Konstruktion durchgeführt werden, die den Heizern vertraut und in der Bedienung geläufig ist. Bei Warmwasserheizungen wird wohl fast überall der Schieber als Hauptabsperrvorrichtung angewendet und lag es daher nahe, in erster Linie Wechselschieber zu konstruieren, welche die oben angeführten Mängel der Umgehung der Hauptabsperrvorrichtung vermeiden.

Dieser Zweck soll bei unmittelbarer Ausbildung der Hauptabsperrvorrichtung als Wechselabsperrvorrichtung und bei Verminderung der Wasserverluste bei dem Umstellen durch den nachfolgend beschriebenen Wechselschieber erreicht werden.

Das Hauptmittel, um diesen Zweck zu erreichen, besteht darin, daß durch den Abschlußkörper des Sicherheits-

wechselschiebers der Sicherheitsweg solange gesperrt
gehalten wird, bis der Hauptweg annähernd auf den Querschnitt des Sicherheitsweges gedrosselt worden ist und hier-
auf der Sicherheitsweg derart geöffnet und gleichzeitig der
Hauptweg derart geschlossen wird, daß hierbei die Summe
der Querschnitte vom Sicherheits- und Hauptweg mindestens
stets gleich dem Querschnitt des Sicherheitsweges ist.

Das zweite Mittel, den Wasserverlust zu vermindern,
besteht darin, die zum Schließen des Sicherheitsweges erfor-
derliche Zeit noch weiter, als durch das Hauptmittel bereits
geschehen, zu verkürzen.

Ein drittes Mittel zur Verminderung der Wasserverluste
besteht im folgenden:

Da bei Bedienung durch einen Mann Vor- und Rücklauf
getrennt und hintereinander umgeschaltet werden müssen,
so läuft durch den zuerst umgeschalteten Nebenweg das
Wasser des Systems solange durch den eingeschalteten Nebenweg aus, bis auch die zweite Wechselabsperrvorrichtung umgeschaltet ist. Durch Kuppelung der beiden Schieberstangen
ist die Möglichkeit gegeben, daß von einem Heizer beide
Wechselabsperrvorrichtungen gleichzeitig abgeschlossen werden können. Dadurch wird die Ausströmzeit wiederum bedeutend vermindert. Da es für die Sicherheit meistens (z. B.
in den sächsischen Vorschriften) als genügend erachtet wird,
daß der Kessel nur im Vorlauf mit der Atmosphäre verbunden ist, so kann bei gekuppelter Wechselabsperrvorrichtung
der Nebenweg (Sicherheitsweg) des Rücklaufes völlig weg-
gelassen werden, wodurch die Wasserverluste noch weiter
vermindert werden. Aber auch nur so dürfte es zulässig sein,
den Rücklauf ohne Umgehung zu lassen. Auch die preußische
Regierung dürfte bei einer derartigen Ausführung sich mit
einer Ausblaseleitung begnügen.

Fig. 5 zeigt in Ansicht und Fig. 6 im Schnitt eine Ausführungsform, bei der als Abschlußkörper für den Hauptweg
a-b und den Sicherheits- oder Nebenweg c ein an einer Spindel d
sitzender Wechselschieber e dient. Der Schieber e schließt in
seiner in schwachen Linien gezeichneten Stellung den Hauptweg a-b, während der Sicherheitsweg c völlig geöffnet ist.

Fig. 5. Schnitt durch einen Sicherheits-Wechselschieber.

a—b Hauptweg
  c Sicherheitsweg
  d Spindel
  e Schieber
  f Abschluß des Sicherheitsweges
i u. m Dichtkeile.

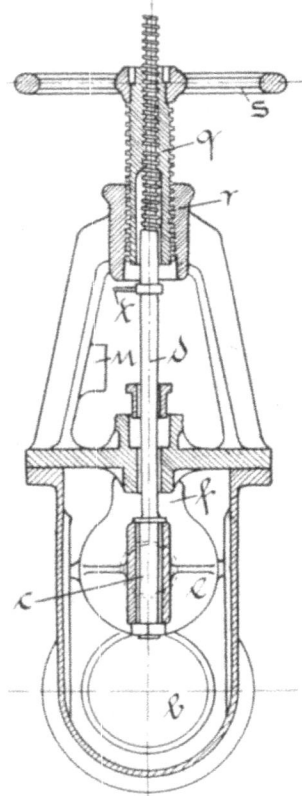

Fig. 7. Schnitt durch einen Wechselschieber mit Schnellschluß-Vor-
richtung.

b Hauptweg   r Mutter
c Sicherheitsweg   s Stellrad
d Spindel   q Spindel
e—f Schieber   t—u Anschläge für
f Lappen   Schnellschluß.

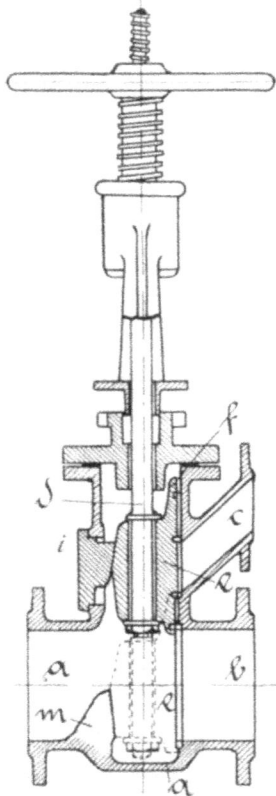

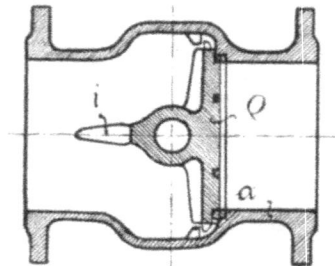

Fig. 6. Schnitt durch einen Sicherheits-Wechselschieber.
a Gehäuse. e Schieber. i Dichtkeile.

An dem Schieber *e* ist ein Lappen *f* von dem Durchmesser des Sicherheitsweges *c* entsprechender Breite angebracht, der bei der Abwärtsbewegung des Schiebers solange auf dem Sicherheitsweg *c* läuft und denselben abdeckt, bis der Hauptweg *a-b* bis annähernd zu dem Querschnitt geschlossen ist, der dem Querschnitt des Sicherheitsweges *c* entspricht. Bei der Weiterbewegung gibt der Lappen *f* den Sicherheitsweg nach und nach frei, während der Schieber *e* den Hauptweg *a-b* mehr und mehr schließt, bis er in der punktiert gezeichneten völligen Schlußstellung ankommt, in welcher der Lappen *f* den Sicherheitsweg *c* völlig freigegeben hat. Der Schieber *e* und sein Lappen *f* ist ebenso wie die innere Mündung des Sicherheits- und Hauptweges mit Dichtleisten versehen und das dichte Aneinanderdrücken der Dichtflächen wird durch die Wirkung der Keile *m* und *i* gesichert.

Um die beim Umstellen des Schiebers unvermeidlich eintretenden Wasserverluste noch mehr zu vermindern, empfiehlt es sich, das oben angedeutete zweite Mittel anzuwenden, nämlich den Abschluß zu beschleunigen. Dieser Schnellschluß braucht aber nicht auf die ganze Hubhöhe ausgedehnt zu werden, sondern es genügt, ihn erst einsetzen zu lassen, wenn der Sicherheitsweg *c* sich zu öffnen beginnt. Eine Anordnung, um dieses zu erreichen, ist beispielsweise in Fig. 7 dargestellt. Hier ist die Spindel *d* an ihrem oberen Teile mit Linksgewinde versehen und mit ihm in einer zweiten entsprechendes Mutterinnengewinde besitzenden Spindel *q* gelagert. Die Spindel *q* ist auf ihrer Außenfläche mit rechtgängigem Schraubengewinde versehen, mittels welchem sie in der am Gehäuse festgehaltenen Mutter *r* durch ein Stellrad *s* mit der Spindel *d* in gleichem Maße auf und ab bewegbar ist. An der Spindel *d* und an dem Gehäuse sind je ein Anschlag *t* und *u* in solcher Länge zueinander angebracht, daß sobald der Schieber *e, f* durch Drehen der Spindel *q* soweit verstellt worden ist, daß sein Lappen *f* beginnt, den Sicherheitsweg *c* freizugeben, der Anschlag *t* an den Anschlag *u* trifft und an ihm unter Verhinderung der Drehung der Spindel *d* herabgleitet. Infolgedessen arbeiten nun die beiden Spindeln *q* und *d* derart zusammen, daß der Abschluß des Hauptweges nunmehr z. B. in dem

dritten Teil der Zeit, in welcher der vorherige Weg zurück-
gelegt wurde, erfolgt und somit ein günstiger Schnellschluß
erreicht wird. In gleicher Weise wird natürlich auch der Öff-
nungsweg bis zum Abgleiten des Anschlages *t* von dem Anschlag *u* schnell erfolgen.

Nachdem nunmehr die beiden ersten Mittel besprochen
worden sind, soll nunmehr auf das dritte Mittel, das zur Verminderung der Wasserverluste in Frage kommt, zurückgekom-
men werden. Die Ausführung ist in Fig. 8 dargestellt. Hier ist
der Sicherheitswechselschieber für den Vorlauf *a-b* mit dem
Abschlußschieber für den Rücklauf $a_1 b_1$ in einem Gehäuse

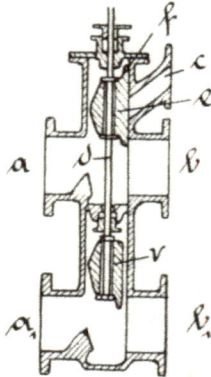

Fig. 8. Schnitt durch einen gekuppelten Sicherheits-Wechselschieber.

a—b Hauptweg
c Sicherheitsweg
d Spindel
v u. *e/* Schieber
f Lappen.

durch eine Wand voneinander getrennt angeordnet. Die beiden
Schieber sitzen an einer gemeinsamen Spindel *d* und werden
daher zwangsweise gleichzeitig geschlossen und geöffnet.
Bei diesem gekuppelten Schieber ist nur ein Sicherheitsweg *c*,
aber kein besonderer Sicherheitsweg des Rücklaufschiebers
erforderlich.

Ehe auf die Durchführung der obigen Maßnahmen bei
Wechselventilen und anderen Wechselabsperrvorrichtungen
zugekommen wird, soll vorerst an dem bereits oben angeführten Zahlenbeispiel durchgerechnet werden, wie sich etwa
die Wasserverluste beim Umschalten der soeben beschriebenen
verschiedenen Wechselschieberausführungen stellen würden.

Es sei wiederum ein Hauptweg von 156 mm Durchm.
angenommen. Der Sicherheitsweg c, Fig. 5, habe 76 mm
Durchmesser. Da mittels des Lappens der Sicherheitsweg c
solange geschlossen bleibt, bis der Hauptweg a-b auf den
Querschnitt von 76 mm l. D. geschlossen ist, so kommt bei
diesen Schiebern ein Ausfließen durch den Sicherheitsweg c
auf Grund von Versuchen nur etwa 8 Sekunden lang in Frage.
Es steigt nämlich die Schließgeschwindigkeit gegen Ende der
Schieberbewegung beträchtlich. Setzt man diese Werte in
die obige Formel ein, so ergibt sich

$$Q = \frac{0{,}0045}{2} \cdot 9{,}34 \cdot 8 = 0{,}168 \text{ cbm.}$$

Bei Einbau der oben beschriebenen Schnellschlußvorrich-
tung Fig. 8 vermindert sich die Zeit Z für den Abschluß auf
$3\frac{1}{2}$ Sekunden und berechnet sich darnach $Q = 0{,}075$ cbm. Bei
gleichzeitigem Schluß von Vor- und Rücklauf ist also im günstigsten Falle bei Schnellschlußwechselschiebern der Wasserverlust $Q = 0{,}15$ cbm. Bei Ausführung des gekuppelten Schiebers Fig. 8 jedoch bleibt auch beim Schluß des Vor- und
Rücklaufschiebers die Ausflußmenge $Q = 0{,}075$ cbm bestehen.
Diese geringen Wassermengen können unbedenklich in jeden
gewöhnlichen Ausguß oder Abflußschrot abgeführt werden.
Bei geringer statischer Höhe vermindern sich diese Wassermengen natürlich noch entsprechnd.

Es soll nunmehr auf die Besprechung von Sicherheits-
wechselventilen zugekommen werden, bei denen der Abgang
für den Sicherheitsweg entsprechend klein bemessen und solange, wie es die gesetzliche Vorschrift erlaubt, geschlossen
gehalten wird.

Bei der in Fig. 9 im Schnitt dargestellten Ausführungsform ist für den Hauptweg a-b ein auf einer Spindel g sitzen-
des gewöhnliches Absperrventil h vorgesehen, während für den
Nebenweg c an der Spindel g ein Zylinder i und ein einen
Sitz j abdichtender Ventilkegel k angeordnet ist. Die Abschlußkörper sind in der Stellung dargestellt, daß der Nebenweg c fast geöffnet, der Hauptweg a-b fast geschlossen ist.
Wird das völlig geschlossene Ventil h angehoben, so hebt

sich gleichzeitig der völlig gesenkte Zylinder *i* mit dem Kegel *k* und beginnt den Nebenweg *c* abzusperren. Sobald bei diesem Anheben der Querschnitt des Hauptweges den Querschnitt des Nebenweges erreicht hat, sperrt der Zylinder *i* den Nebenweg *c* gänzlich ab und, sobald das Ventil *h* ganz geöffnet ist, dichtet der Ventilkegel *k* den Sitz *j* ab.

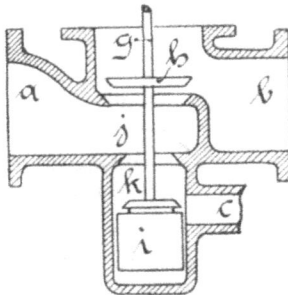

Fig. 9. Schnitt durch ein Sicherheits-
Wechselventil.

a—b Hauptweg
c Nebenweg
g Spindel
h Absperrventil
i Zylinder
k Ventilkegel
j Sitz.

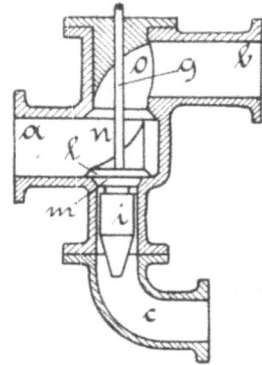

Fig. 10. Sicherheits-Wechselventil.

a—b Hauptweg
c Nebenweg
g Spindel
i Abschlußzylinder
l großer Ventilteller
m kleiner Ventilteller
n, o Leitflächen.

Bei der Ausführungsform nach Fig. 10 ist auf der den Abschlußzylinder *i* für den Nebenweg *c* tragenden Spindel *g* der Ventilteller *l* für den Hauptweg *a-b* angeordnet und mit dem Teller *l* ist ein zweiter Ventilteller *m* für den Eingang zum Nebenweg *c* fest verbunden. Die Teile sind in der Stellung dargestellt, daß der Nebenweg *c* völlig geschlossen und der Hauptweg *a-b* völlig geöffnet ist. Infolgedessen strömt das Wasser von *a* durch den Hauptventilsitz hindurch nach *b*. Wird der Ventildeckel *l* nach oben bewegt, so hebt sich auch der kleine Ventilteller *m* mit, aber eine Öffnung des Nebenweges *c* tritt noch nicht ein, da der Zylinder *i* den Weg noch sperrt. Erst wenn der Hauptweg *a-b* durch das Ventil *l* soweit gedrosselt ist, daß der freie Querschnitt gleich dem

Querschnitt des Nebenweges c ist, beginnt der Zylinder i den Nebenweg c freizugeben. Je weiter nun der Hauptweg geschlossen wird, desto weiter öffnet sich der Nebenweg. Die Summe der beiden Wegquerschnitte muß dabei stets größer als der Querschnitt des Nebenweges bleiben. Erst bei vollem Abschluß des Hauptweges a-b ist der Nebenweg c ganz offen. Bei der Abwärtsbewegung der Ventilteller l, m und des Zylinders i beginnt der Schluß des Nebenweges c mit der Öffnung des Hauptweges. Je weiter sich der Hauptweg öffnet, je mehr schließt sich der Nebenweg. Erreicht die Öffnung des Hauptweges den Querschnitt des Nebenweges, so ist derselbe durch den Zylinder i abgeschlossen. Der Zylinder i braucht natürlich nicht völlig dicht zu schließen.

Fig. 11 zeigt eine Ausführung, bei der der Zylinder i, Fig. 10, wegfällt. Hier dient nur der Ventilteller m zur Regelung des Durchganges für den Nebenweg c. Der für den Hauptweg dienende Ventilteller l ist von dem Teller m getrennt und zwischen beiden Tellern ist ein Mitnehmer p angeordnet, der die Regelung des Querschnittes des Nebenweges c veranlaßt. Der Mitnehmer p hebt den Ventilteller m, wenn der Hauptweg soweit geschlossen ist, daß der Querschnitt des Sicherheitsweges erreicht ist.

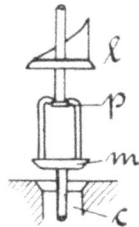

Fig. 11.
Sicherheits-
Wechselventil.
c Nebenweg
l Ventilteller
m Ventilteller
p Mitnehmer.

Es würde zu weit führen, die Durchführung des hier bei den Wechselschiebern und Wechselventilen geschilderten Grundgedankens auch auf Drehschieber, Hähne, Klappen und andere Sperrvorrichtungen auszuführen und hat dies auch nur wissenschaftlichen Wert, da für die Ausführung doch nur Wechselschieber in Frage kommen, denn auch Wechselventile werden wegen der kostspieligen Ausführung und des größeren Widerstandes, den sie der Wasserbewegung entgegensetzen, kaum zur Ausführung kommen.

Über die Anordnung der Wechselschieber im Heizungssystem ist, wie aus einer größeren Reihe von Anfragen gelegentlich der letzten Veröffentlichung hervorgeht, noch eine auffallende Unklarheit in Technikerkreisen, trotzdem die

»Bemerkungen und Erläuterungen zum Ministerialerlaß vom Februar 1914«, die der Verband Deutscher
Zentralheizungs-Industrieller herausgegeben hat, sich doch
sehr ausführlich mit dem Einbau beschäftigen. Fig. 4 dieser

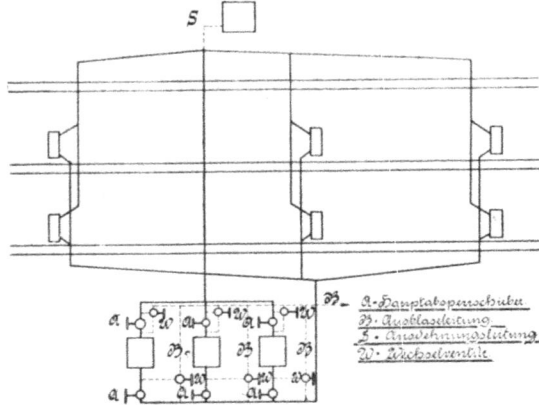

Fig. 12. Einbau von Wechselventilen mit Umgehungsleitungen.

Bemerkungen, die hier als Fig. 12 nochmals abgedruckt werden soll, stellt den Einbau von Wechselventilen *W* mit Umgehungsleitungen und das gemeinsame Ausblaserohr *B* dar.

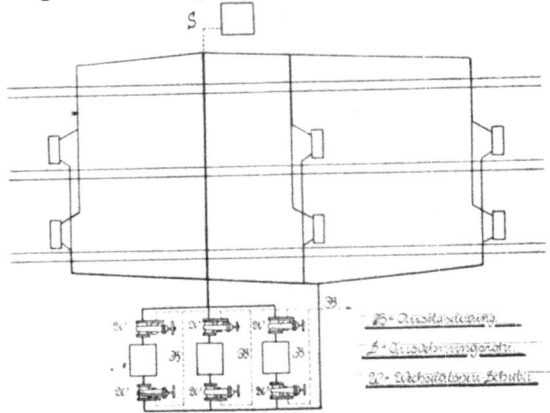

Fig. 13. Einbau von Sicherheitswechselschieber als Hauptabsperrschieber.

Bei Verwendung von Sicherheitswechselschiebern nach
Fig. 5 und 6 stellt sich der Einbau bedeutend einfacher.
Fig. 13 stellt diesen einfacheren Einbau von Sicherheits-
wechselschiebern dar.

Fig. 14 ist Fig. 6 der »Bemerkungen des Verbandes Deutscher Zentralheizungs-Industrieller«, nur mit der Abänderung,
daß auch die Rückläufe abstellbar sind. Fig. 15 zeigt dasselbe Bild, nur daß an Stelle der Rücklaufumgehung und der

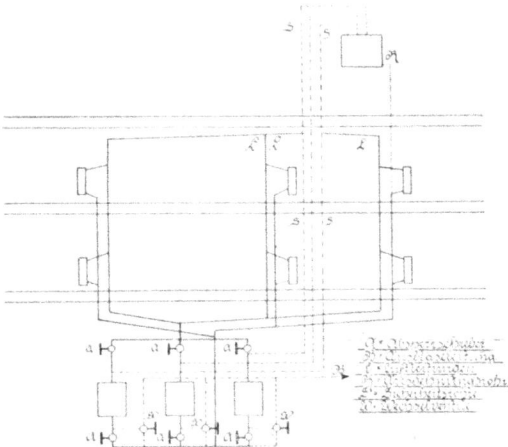

Fig. 14   Einbau von Standrohren und Wechselventilen mit Umgehungsleitungen im Rücklauf.

eingebauten Umgehungsventile Sicherheitswechselschieber
eingebaut sind.

Fig. 16 zeigt den Einbau eines gekuppelten Sicherheits-
wechselschiebers.

Es ist bei dem Einbau von Wechselschiebern, wie aus
den Fig. 13, 15 und 16 hervorgeht, nur darauf zu achten,
daß die Seite des Wechselschiebers, an welcher der schwache
Sicherheitsstutzen angebracht ist, also die absperrbare, mit
der Leitung nach dem System, die andere mit der Leitung
nach oder von dem Kessel in Verbindung gebracht wird.

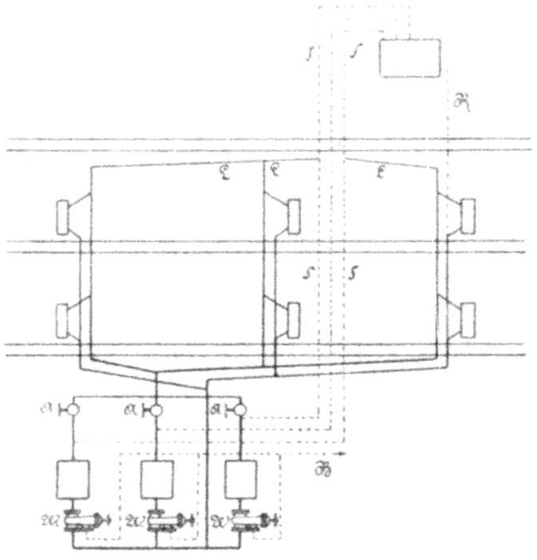

Fig. 15.

A Absperrschieber
B Ausblaseleitung
L Luftleitungen

R Ausdehnungsrohr
S Sicherheitsrohr
W Wechselschieber.

Die folgende Tabelle dient zur Wahl der Durchmesser der Hauptabsperrschieber, nebst der dazugehörigen Sicherheitswege. Sie ist empirisch bestimmt und entsprechen die Ab-

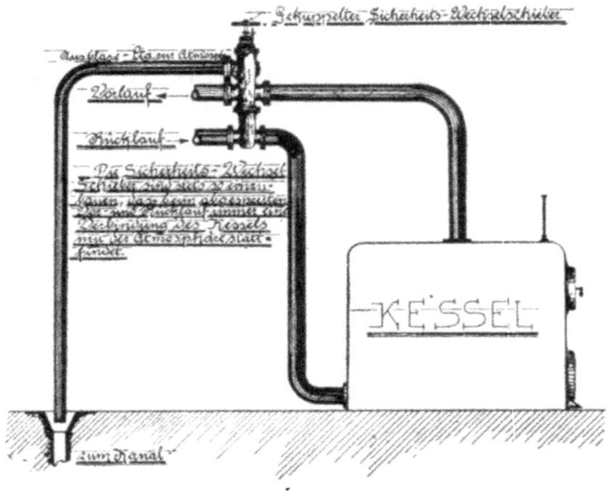

Fig. 16. Anordnung des gekuppelten Sicherheits-Wechselschiebers.

messungen den Ergebnissen aus einer Reihe ausgeführter Anlagen. Die bisherige Praxis hat gezeigt, daß die gewählten Modelle allen Ansprüchen der Praxis entsprechen. Die Tabelle baut sich auf der preußischen Tabelle für die Weite der Umgehungsleitungen auf.

Mit Genehmigung der sächsischen Regierung vom 3. 7. 15 Akt.-Zeichen Nr. 721 III J kann die Tabelle auch unmittelbar für die Bestimmung der Sicherheitsschieber für Warmwasserheizungen im Königreich Sachsen verwandt werden.

a) Sicherheitswechselschieber für Schwerkraftwarmwasserheizungen.

Heizfläche des Kessels in qm	Weite des Sicherheitsweges nach behördlicher Vorschrift in mm	Weite des Haupt-Vor- bzw. Rücklauf- schiebers in mm	Flanschen- durchmesser		Baulänge in mm
			des Sicher- heitsweges in mm	des Haupt- weges in mm	
bis 4	25	57	147	130	190
» 4	25	64	147	130	190
» 8	34	64	147	130	190
» 8	34	70	169	140	216
» 8	34	76	169	140	216
» 8	34	82	169	140	216
» 11	39	82	169	140	216
» 11	39	94	206	160	240
» 11	39	106	206	160	240
» 18	49	106	206	160	240
» 18	49	119	245	175	268
» 18	49	131	245	175	268
» 26	57	131	245	175	268
» 26	57	143	259	180	272
» 34	64	143	259	180	272
» 34	64	156	275	185	282
» 42	70	156	275	185	282

b) für Pumpenheizungen und andere Zwecke.

Heizfläche des Kessels in qm	Weite des Sicherheits- weges nach behördlicher Vorschrift in mm	Weite des Haupt-Vor- bzw. Rücklauf- schiebers in mm	Flanschen- durchmesser	
			des Sicher- heitsweges in mm	des Haupt- weges in mm
bis 4	25	25	81	81
» 8	34	34	—	—
» 11	39	39	—	—
» 11	39	49	141	141
» 18	49	49	141	141
» 18	49	57	141	141
» 26	57	57	141	141
» 26	57	64	153	169
» 26	57	70	153	169
» 26	57	76	153	169
» 26	57	82	153	169
» 34	64	64	153	169
» 34	64	70	153	169
» 34	64	76	153	169
» 34	64	82	153	169
» 42	70	70	153	169
» 42	70	76	153	169
» 42	70	82	153	169
» 42	70	94	169	193
» 51	76	76	169	193
» 51	76	82	169	193
» 51	76	94	169	193
» 60	82	82	169	193
» 60	82	94	169	193
» 60	82	106	206	206
» 80	94	94	206	206
» 80	94	106	206	206
» 100	106	106	206	206

Sofern man sich entschließt, auch weiterhin die Haupt-absperrschieber mittelst Umgehungsleitung mit eingebauter Wechselvorrichtung zu umgehen, soll auch dieser Ausführung noch eine eingehende Behandlung gewidmet und eine Ausführungsform besprochen werden, welche die Hauptnachteile der bisherigen Anordnung vermeidet.

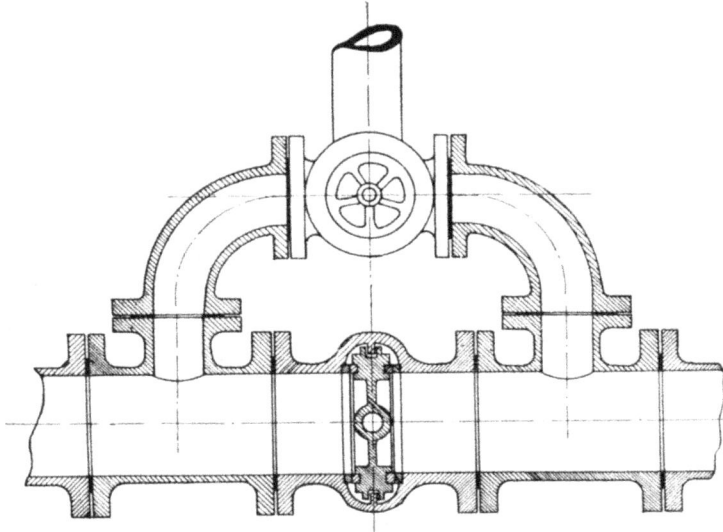

Fig. 17. Alte Anordnung der Hauptschieberumgehung mit eingebauten Wechselventilen.

Eine gewöhnliche Einbauausführung stellt Fig. 17 dar. Bei der Betrachtung des Bildes fällt sofort die Uneinheitlichkeit und Schwerfälligkeit der Anordnung auf. Zu dieser Ausführung gehören 2 T-Stücke, 2 Kniestücke, 1 Hauptabsperrschieber und ein kleineres Wechselventil, wie Fig. 1 bis 4 darstellt. Diese vielen Einzelteile werden durch acht Dichtstellen zusammengehalten. Das große Gewicht der zusammengebauten Sicherheitsvorrichtung Fig. 17 zwingt, den Zusammenbau erst auf dem Bau selbst vorzunehmen. Die große Bauhöhe und die weite Ausladung bieten schon bei neuen Anlagen große Einbauschwierigkeiten, trotzdem man gleich in der Anlage darauf Rücksicht nehmen kann. — Die Einbauschwierigkeiten steigen aber ins Unausführbare bei alten Anlagen, die auf eine derartige Vorrichtung von Haus aus nicht zugeschnitten sind.

Im Betriebe aber wirken die erheblichen Widerstände nachteilig und geben zur Bildung von Wasserschlägen und somit Gefährdung der Anlage Anlaß.

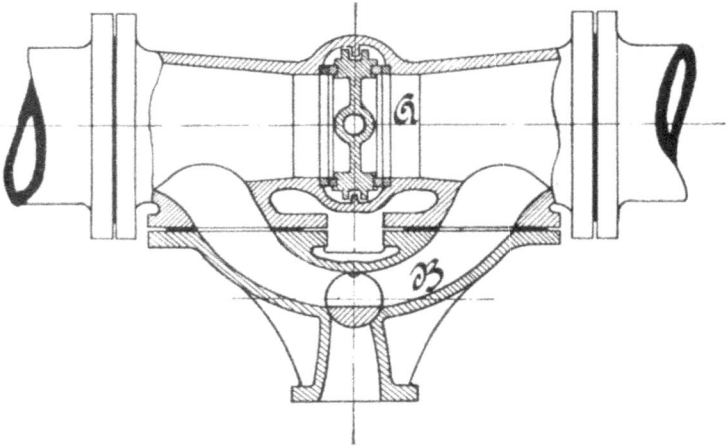

Fig. 18. Neue Anordnung der Hauptschieberumgehung mit eingebauten Sicherheits-Wechselschiebern.

In Fig. 18 ist nun eine Lösung der Umgehung des Haupt-schiebers durchgeführt, welche die meisten dieser Mängel ver-meidet. Dieses Schiebergehäuse *A* ist nämlich mit Kanälen für die Umgehung ausgestattet. Die Umgehungsleitung *B* ist mit dem Gehäuse des Sicherheitswechselhahnes aus einem Stück hergestellt. Diese zwei einzigen Konstruktionsteile können in der Werkstatt zusammengebaut, gedrückt und fertig zum Einbau auf den Bau geliefert werden, so daß alle Einbau-schwierigkeiten schwinden.

Durch eine Sperrvorrichtung, die vom Hauptschieber aus betätigt wird, kann die Bedienung verhindert werden, den Umgehungsschieber eher umzustellen, als bis der Haupt-schieber abgesperrt ist.

Die Widerstände im Betriebe sind, da der Umgehungs-kanal den Strömungslinien vollkommen angepaßt ist, auf das Mindestmaß herabgedrückt.

Da der Hahn oder Schieber *B* den vollen Querschnitt
freigibt, so fallen auch all die Widerstände des Wechselventiles weg.

Trotz aller dieser Vorteile kommt aber diese Ausführung
an Einfachheit und Billigkeit der Ausführung nicht an die
Ausführung des Hauptwechselschiebers Fig. 5 und 6 heran.

Es ist zu erwarten, daß die für den Erlaß von Verordnungen verantwortlichen Regierungen, die durch die obigen
neuen Konstruktionen geschaffene Lage in Erwägung ziehen
und zum mindesten geringere Abmessungen für die Sicher-
heitsabgänge und die Umgehungsleitungen vorschreiben werden.

Es wäre vorteilhafter, statt der Durchmesser der Sicher-
heitsleitungen die Höchstwiderstände, die dieselben der Strömung bieten dürfen, vorzuschreiben.

Nach den Versuchen, Beiheft 8 zum »Gesundheits-Ingenieur«, läßt Professor Dr. Brabbée einen Widerstand von
etwa 750 mm zu. Bei diesem Widerstand könnten bei der
obigen Konstruktion nach Fig. 5, 6 und 18 bedeutend engere
Ausblaseleitungen zugelassen werden. — Die Ausführung der
Sicherheitswechselschieber hat, wie bekannt, die Armaturen-
fabrik Staeding & Meysel Nachfolger, Niedersedlitz,
übernommen.

Zusammenfassung.

Der Hauptvorteil des Sicherheits-Wechselschiebers besteht darin, daß der altgewohnte Hauptabsperrschieber, wie
er seit Jahr und Tag in den Vor- und Rücklaufleitungen
von Warmwasserkesseln eingebaut wird, auch fernerhin verwandt werden kann. Jede Umgehungsleitung und jede besondere Wechselabsperrvorrichtung erübrigt sich, und trotzdem wird bei dem Umstellen der Hauptabsperrvorrichtung
weniger Wasser verloren als bei Anwendung von Um-
gehungen. Es wird dann berechnet, daß bei dem Umstellen
von zwei Hauptabsperrwechselschiebern von 156 mm Durchmesser etwa 8,5 cbm Wasser in wenigen Sekunden aus dem
System ausströmen. Die Preuß. Regierung hat also recht,
von der Anwendung solch großer Wechselvorrichtungen ab-

zuraten. Bei Anwendung der Sicherheitswechselschieber gehen dagegen nur 0,15 cbm und im günstigsten Falle 0,075 cbm Wasser bei dem Umstellen verloren.

Die Hauptmittel zur Erzielung dieser Vorteile sind Sperrung des Sicherheitsweges, bis der Hauptschieber auf den vorgeschriebenen Querschnitt gedrosselt ist. Zweitens Verkürzung der Schlußzeit des Hauptschiebers während der Zeit, in welcher der Sicherheitsweg geöffnet wird durch Einschaltung einer Schnellschlußspindel und drittens Kuppelung von Vor- und Rücklaufschieber.

Es wird ferner gezeigt, wie sich diese Grundsätze auch an Ventilen, Hähnen u. dgl. durchführen lassen. Mehrere Ausführungsformen werden besprochen und daran bewiesen, daß der Schieber die gegebenste Sicherheits-Hauptabsperrvorrichtung für Warmwasserheizungen darstellt.

An einer Reihe von Abbildungen wird die Vereinfachung der Rohrführung und Bedienung bei Anwendung von Wechselschiebern unter Bezugnahme auf die Bemerkungen des Verbandes der Centralheizungs-Industriellen dargetan.

Am Schluß wird angeregt, statt der Durchmesser der Sicherheits-Umgehungsleitungen etc. besser die Hauptwiderstände, die dieselben der Strömung bieten dürfen, vorzuschreiben, und zwar unter Hinweis auf die Veröffentlichung von Professor Dr. Brabbée im Beiheft 8 des »Gesundheits-Ingenieurs«.

Druck von R. Oldenbourg in München.

www.ingramcontent.com/pod-product-compliance
Lightning Source LLC
Chambersburg PA
CBHW031456180326
41458CB00002B/791

9 783486 744231